马克笔的景观世界

（第2版）

陈伟 著

东南大学出版社
·南京·

内容提要

本书作者以多年手绘经历，详细介绍了马克笔作为设计师的一种快捷、高效的绘图工具，在景观规划设计中运用的各种技法及心得体会；分门别类地给读者展示了作者近年来所创作的一百多幅马克笔作品，这些作品涉及景观设计过程的各个阶段，如交流性前期表现、商业性最终效果等。作品分别以透视图、透视草图、剖视图等形式加以表现。

本书对从事风景园林、建筑学、城市规划、室内设计等专业的教师、学生、设计师等有一定的参考价值。

图书在版编目(CIP)数据

马克笔的景观世界 / 陈伟著. —2 版. —南京：东南大学出版社，2010.6（2015.6 重印）
ISBN 978-7-5641-2207-2

Ⅰ. ①马… Ⅱ. ①陈… Ⅲ. ①景观-园林设计-绘画-技法(美术) Ⅳ.① TU986.2

中国版本图书馆 CIP 数据核字(2010)第 071542 号

东南大学出版社出版发行
（南京四牌楼 2 号 邮编 210096）
出版人：江建中
网 址：http://www.seupress.com
电子邮件：press@seupress.com
全国各地新华书店经销 利丰雅高印刷(深圳)有限公司印刷
开本：889mm×1194mm 1/16 印张：6.75 字数：230 千字
2010年 6 月第 2 版 2015 年 6 月第 3 次印刷
ISBN 978-7-5641-2207-2
定价：68.00 元

本社图书若有印装质量问题，请直接与读者服务部联系。电话(传真)：025-83792328

一版序

我国建设事业的兴旺在全球可以说是首屈一指，各个建设项目都采取竞标的方式。竞标图纸中规定要提供一定数量的效果图，因此，自然就促进了建筑画的蓬勃发展，水平也日益提高。建筑画的品种繁多。以工具而论有：水彩、铅笔、钢笔、水粉、粉笔、蜡笔、马克笔、喷笔、油画笔乃至新兴的电脑等。以其中的多种工具混合运用，还可派生出五光十色的品类。在作画方式中，有快速简略而又写意的，也有逼真精致而写实的。不论何种方式，通过作画可以雅俗共赏，便于人们对设计意图的理解。现在社会上有一种片面的观点，特别是在领导和业主阶层比较普遍，那就是对徒手画的排斥，他们并不赏鉴它的优劣，只认为这是落后的生产方式。他们对电脑画倒是顶礼膜拜，认为它逼真、响亮，是先进高科技生产力的象征，也能显示设计单位的实力。因此，以此作为设计参赛的硬性条件，以多少来表明态度。于是，垃圾似的各种图片充斥着厚重和装帧豪华的文本。各参标单位还互相攀比，滋长了甚嚣一时的虚假浮夸之风。现在电脑画已从设计院分离出来，产生了电脑图像专门制作的专业公司，其业务也日趋成熟和精湛。电脑画制作与设计师创作的分工倒使设计师有更多的时间从事设计。一般说来，电脑图表现的是设计阶段的终极成果，须等设计定案及其基本图纸具备才能在电脑上成图。电脑图像制作人必须要了解设计者的意图和懂得设计方面的专业知识。即使如此，从初稿到成图还要有几个回合的磨合，因此要花一定的时间和代价。设计过程中的交流与沟通是设计的关键环节，在这些环节中，有设计者之间的协商，还有设计者与业主以及相关群众之间的交流，这时就需要有简明易懂的图像以取得对方的理解和认同，因而快捷精练的徒手画（包括器械图）就发挥了它的优越性。其概念性、写意性、趣味性和速度是电脑画所不能替代的。对那些主体对象以外的复杂的自然或人为环境，徒手画就比电脑灵活自由得多，成图也快得多，同时也显示了创作者一定的情趣和功底。虽然，世界上有些发达国家，其电脑技术水平比我们先进，经验也比较丰富，但是，国际上有不少设计竞赛或投标的效果图却依然采用徒手画，他们认为这些徒手功夫恰能显示参赛者的艺术修养和实际水平。

陈伟的作品发挥了徒手画的特点。陈伟很有家学渊源，其父是东南大学建筑系的老系友，他从小就受到父亲的熏陶。他热爱建筑园林专业，也酷爱绘画，在这两方面一直不懈地追求和探索。他的画风格洒脱、奔放和轻松。他喜爱用马克笔，但又不拘一格，常综合地运用多种工具。他在马克笔的基础上自创了水彩画的效果，既有马克笔的刚劲又有水彩画的柔润，两者相得益彰。我衷心祝愿他百尺竿头，更进一步，奔放洒脱之余，还要带几分严谨。也希望他今后有更多、更精彩的作品问世。

中国工程院院士
东南大学建筑系教授

二版序

记得陈伟先生所著的《马克笔的景观世界》，其第一次印刷出版在2005年，是由我极力推荐给东南大学出版社，并落实经费。虽然当时陈伟的手绘效果图已有一定名气，但系统的整理出版还是第一次。他本人心里没底，我多次鼓励，敦促形成初稿，经不断完善，出版后达到了我的预想。

作为一位优秀的建筑、景观设计师，其手绘表现的功夫非常重要。陈伟先生自小喜欢画画，但真正的开始效果图的创作绘制，应该是在走上工作岗位后。其钢笔、铅笔、彩铅、水彩、水粉、喷笔等均有涉及，经过数年的刻苦训练，作品逐渐成熟，形成独特风格，得到业界认可。总结陈伟先生的手绘效果经历，我认为注重创作是最根本的，他不会呆板地按某一方案去表现，而是在表现中去创作，在创作中去表现。虽然他的部分作品还有缺陷，但其对"形"、"色"的把握已是非常的自如、流畅。陈伟先生是我院的总工程师，他擅长方案创作，处理"亮点"、"节点"景观，对方案、扩初、施工图的各阶段把握均有深厚功底，这与他对专业的兴趣热爱是分不开的，可以说手绘效果的创作是他业务能力的平台和基点。

现在大多数从事城市规划、建筑、园林、景观等的设计人员，缺乏手绘创作的训练，对于赏心悦目的效果图是"有心无力"，很多工作是靠裁剪、拼接甚至移花接木来完成"理念"创作，提交业主的往往也是电脑效果图，这严重影响了自身专业的成长和发展。要想成为行业的扛鼎人物，必须要拥有良好的创作意识，手绘效果就是最初创作的表达。

南京市园林规划设计院有限责任公司

董事长

李浩年

2010-04-15

Contents

目 录

Contents

1 简述

马克笔又称记号笔，由英文 Marker 音译而来，全称为 Magic Marker。由字名来看，它确有魔幻般的效果。虽然我们引入马克笔仅十多年，但是在现在的美术界，特别是设计界如建筑设计、室内设计、家具设计、服装设计以及本书所提及的景观规划设计等领域已对其广泛地认识，并加以运用。

用马克笔作画有许多其他画种所不具备的优势。

1） 快速高效

马克笔生产的商家已配好上百种色彩的马克笔，并将色调进行分类，配有色卡，可由作画者直接选用填色。用马克笔作画简单快速，并且色块几乎是即干的，不用等待就可以进行下一步操作。马克笔画的作画过程不像我们经常接触的水彩画、水粉画等画种，要加水调色，复杂耗时，画下一笔时必须等上一笔干(除湿接法等特殊技法外)。我们上学时，作水彩渲染都有用电吹风的经历。

2） 携带方便

马克笔轻巧方便，易于携带。它对画纸的要求也不高，这样很适合画者现场勾画，便于设计师与业主之间进行直接交流。

3） 随意性

由于不经调色的特点，对画者的美术功底要求不高，适合美术基础并不出众的设计人员。手绘马克笔对表达不确定性的景观效果、意境、草图阶段的灵感快速捕捉以及设计者间的交流起着非常重要的作用。

2 工具介绍

2.1 画笔

马克笔分为油性、水性及酒精性三种。

油性马克笔由甲苯、二甲苯作为其溶剂，用鼻嗅有有机溶剂的刺激性气味，对人体有微毒，故在日益强调绿色环保的今天，市面上已很少有新笔可售。但该种马克笔是三种笔中性能最稳定、最透明，作画效果最好的一种。

水性马克笔以水为溶剂，上色时纸吃色很厉害，用笔感觉很涩，我一般不使用该类产品。

酒精性马克笔，现在市场上售得最多。它以酒精为溶剂，无毒，对使用者无副作用；它的缺点是色变很厉害，有些品牌的马克笔往往上一种颜色以后，过几分钟后已变成另一种颜色了，要画者自制色卡。总之，这种类型马克笔的色彩稳定性很差。

目前国内有售的马克笔品牌一般有：

油　性
- EDDING（威迪）德国
- YOKEN（裕垦）日本
- AD 美国

酒精性
- SCHWAN（天鹅）德国
- TOUCH 韩国
- BEROL 美国
- KURECOLOR 日本
- COPIC 日本

2.2 画纸

马克笔用纸一般分为渗透性纸和非渗透性纸两种。所谓渗

图 2-1

透性纸即色吃入纸中，并有一定洇色。非渗透性纸即色浮在纸表面。马克笔对纸质要求不高，市面上有进口马克笔专用纸，但没有必要一定要采用，且其效果不一定好。

我基本用两种渗透性纸，即绘图纸（或道林纸）和复印纸（70g）。我用复印纸较多，因其色彩渗透度适中，且有一定透明性，可勉强拷贝底图，但不能承担多次运笔。如图 2-1 所示。绘图纸渗透性大一些，可供耗时的精细的作品使用，可多次运笔。渗透性越大的纸，如水彩纸等，吃色就越厉害，色彩饱和度越高，那么在这样的纸上作画，马克笔费得很快。

非渗透性纸一般有硫酸纸、拷贝纸。用硫酸纸可拷贝底稿有水迹斑驳的效果，可用刮的技法。拷贝纸上色很方便，特别是平涂不费劲，草图阶段效果表现得很出色。一般情况下，在非渗透性纸上，马克笔色会变淡很多，往往感觉深不下去，在这类纸上渐变等效果基本上无法实现。这种情况下，要结合彩铅等其他工具的辅助。如图 2-2 所示。

图 2-2

2.3 其他画笔

彩色铅笔：它对马克笔画中色调变化、材质充分表现有很好的补充作用，特别是在非渗透性纸中运用的成分会很大。一般选用笔芯柔和细腻的水性彩色铅笔。

粉彩笔：粉彩笔可补充大面积柔和的色调，如天空、水面，以弥补马克笔笔触明显、不易大面积平涂的弱点。

2.4 褪色问题

由于光线中紫外线的破坏作用，马克笔表现图完成后，应尽快扫描成电子文件，以电脑打印的方式来展示。原稿则应避免日光照射，妥善保存。

2.5 画幅大小

由于马克笔的局限，因此不能进行大面积的渲染，一般情况下，以 A3 图幅为主（包括周边虚化处理和留白）。小品、快图等 A4 图幅较适合。A4 以下的小图幅更容易把握整体，绘制更加快捷，能体现马克笔的特色。个别大场面的鸟瞰图可扩大到 A2 图幅。除平面渲染外，我还没碰到大于 A2 的马克笔表现图。要达到 A2 以上的图幅，只有通过扫描后存入电脑，再通过打印来放大。一般缩小打印，画面会显得更加精细出彩，相反放大打印，近看细部有些粗，但有时也会产生别样的效果。

3 画作类型

从作画所耗时间和最终表达的效果来看，可将马克笔的景观效果图分为快图和细图（慢图）。

3.1 快图

快图是最适合马克笔的一种表现形式。我们往往在与甲方非正式方案交流中出示此类型图片，或在投标文件中，用来表现设计者的最初立意，以增强投标文件的设计艺术感和弥补电脑图单调的缺憾。快图可以快速捕捉设计者的最初的灵感，达到手脑互动，体现设计者的意图。非正式的效果图更利于与甲方轻松地交流，交换意见，甚至可以直接在图上修改。如图 3–1 所示，寥寥几笔勾勒出禅寺的景观意境。

3.2 细图（慢图）

细图（慢图）与快图相反，它是一个最终的成果表现图，强调画面的构图层次、光影、质感、尺度和细部等的充分表达。所耗时间较长，图幅也较大。这种类型图主要用于对拍板领导的最终汇报或房地产商委托为售楼书作图，如图 3–2 所示。

3.3 铺色为主的图

马克笔景观表现图从表现方式上亦可分为两种：铺色为主的图和线描为主的图。

铺色为主的图以马克笔大色调为主体，以铅笔或钢笔（一次性针笔）为辅助工具勾勒表现形体。它色彩表现充分，主要用马克笔本身来体现色调明暗、虚实、冷暖，而线条只起补充作用。

图 3–1

图 3-2

它简洁、明快、轻松、透明，有水彩画的感觉。

3.4 线描为主的图

另一种是先以钢笔（一次性针笔）勾线，类似钢笔画（当然刻画程度可粗可细），用线条把基本的形体明暗、细部刻画到位，最后敷以马克笔色调。这种色调基本以平涂为主，因为钢笔线已表达充分。这种以线为主要类型的马克笔效果图，作画过程利于画者控制，尤适合初学者。

以上两者的类型划分在实际操作上也非绝对，亦有介乎两者之间的，所以不要太苛求，还是以画者得心应手为妥。

4 马克笔景观表现的基本作画步骤

4.1 步骤一 作草图

根据方案的平面、立面，作大致的草图。多选三四个视点，原则是所选视点及视高能充分体现设计者的设计意图和构图美感。交代环境特质，选定一个视点，补充人物、车辆、室外灯具、家具的安置。该阶段还是以放为主，所有东西都是示意性的，可以在拷贝纸上进行，以便于描摹、推敲。此阶段完成后，可与委托方商讨、交流，以明确最后的构图形式及图中各元素的配置。如图 4-1、图 4-2 所示是草图阶段与最后成图的关系。

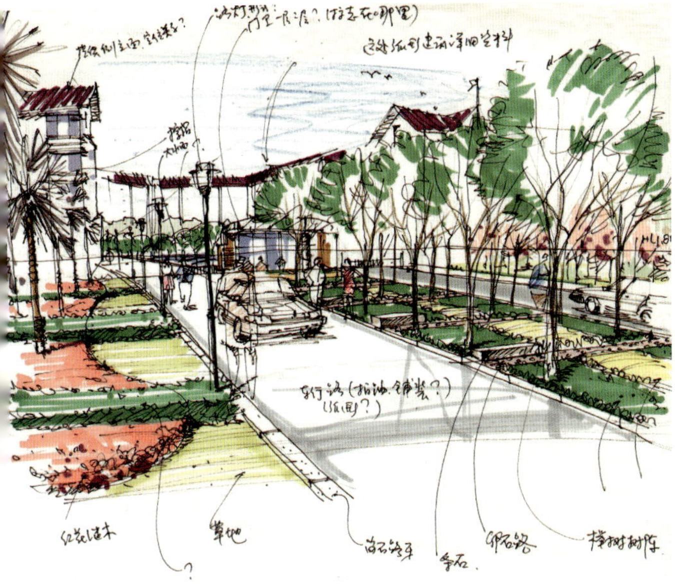

图 4-1

图 4-2

图 4-3

图 4-4

4.2 步骤二 求出透视轮廓

以步骤一确定的视点和视觉，依制图原理求出透视轮廓底稿图。该步骤也可由电脑分工完成。用 CAD 或 3D 软件，画出并打印大致的体块关系，然后手绘增添细部配景，并将它拷贝到成品的纸上。透视轮廓线可以用铅笔线也可以用钢笔线。

4.3 步骤三 上色

在完成的线图上上大的色块，以先主体后配景、先浅后深、先粗后细的原则进行，在总体色调层次上要有统筹安排。此步骤要求画者大胆上色，尤其物体转折的对比要比实际需要过一点，因为马克笔画待干透后色彩明度往往会变淡一些。

4.4 步骤四 细部刻画

此步骤要求画者有很好的耐心及经验技巧，并要有大量的图片资料供细部刻画时参考。特别是对画面最前面近景的刻画，若随意涂画，则不会有点睛的效果。一般要以收集图片为基础，再在画面上安排润色。如图 4-3、图 4-4 都是近景的细部表达。

4.5 步骤五 电脑后期处理

将画好的图像扫入电脑，图像精度一般要求在 200 dpi 以上。进入 PHOTOSHOP 等图片后期处理软件进行色调调配。一般要加大扫描图像的对比度和饱和度，对手绘图中失误之处进行补救处理。对局部的明度色调进行调整，细部中添画白色亮线和白点的高光。图 4-5 和图 4-6 两幅画面的前景部分完全一样，两幅效果图是找准视点后进行电脑剪贴的，省去了大量重复的工作。细心操作可做到天衣无缝。

手绘图的大面积修改在多轮方案的设计中经常出现，其手法往往是将修改部分重绘并扫入电脑（要与上一次扫的图像大小一样）在电脑中粘贴修改，非常方便。

图 4-5

图 4-6

5 景观元素的表现技法

5.1 植物

在马克笔的景观世界中，通常树是最重要的表达元素之一，它的效果好坏决定了作品的成败。初学者亦普遍认为树是最难表达的。

树大致可分为乔木和灌木。在绘画中又可分为前景树、中景树和远景树，或可分为以枝为主的秋冬树和以叶为主的浓阴蔽日的树。

总体来说，用马克笔画好树，首先要对各种树的体态，有概括的洞察力，抓住主要的，不要只看见一片片树叶。画中亦不可太强调树冠的明暗关系，应着重对它的轮廓有所取舍；亦不可画得太满，树冠中要有留白，让它有所透。树枝的画法原则是上细下粗（除了某些棕榈科植物外）。由于马克笔笔触粗细很难控制，这一点较难掌握。树枝的生长姿态亦很重要，它也是千变万化的，要多注意观察图片以及自然中不同树的树枝姿态，既要有疏密变化，又要注意删繁就简。

5.1.1 近景的树

近景的树一般调子较深，其树冠用你最深的那枝绿色马克笔，并且出水要好的，明度不要有太大变化，基本是剪影式的，但叶丛中一定要有所透，否则，剪影会很死板，最后以黑线示意性表达树梢和树叶。树干的表面质感要有所体现，树冠在树干上的落影也要适当表达，这样近景才真实可信。如图 5-1 所示。

5.1.2 中景的树

中景的树也是以体现姿态为主，不要过分注重体积感的表

图 5-1

图 5-2

达，要注意树的几大叶簇的关系，轮廓部分要点以笔触，有虚实变化。主干分出大致明暗，着重于真实自然。图 5-2 是以叶为主的中景树，叶冠用两种明度的绿色，树干、树枝以彩铅勾勒。图 5-3 是以枝为主的中景树，叶冠只用一种马克笔，树干以马克笔上底色，彩铅敷暗部和上部树梢。

图 5-3

5.1.3 远景的树

远景的树一般是成片地画，不用一株一株的逐棵表达，尽量减弱对比，虚化主题，以拉远前后关系。一般先以马克笔上大片的笔触再适当添加树干，树干、树枝不可多加，所谓“远树无枝”（如图 5-4 所示）。图 5-5 表现以枝为主的中远景树，作画中，适当添加了酒精溶剂，马克笔的颜色有自然渗透的效果，使背景虚化，产生一种随意的效果。

5.1.4 鸟瞰的树

鸟瞰的树要适当加强明暗关系，注重前后虚实。由于视点原因，与一般平视相比树干不能太长，应比平视短，甚至不画树干。

图 5-4

图 5-5

图 5-6

图 5-7

图 5-8

图 5-9

图 5-10

图 5-11

图 5-12

图 5-6、图 5-7 以两种色调的马克笔涂色，并有留白，最后以黑色彩铅勾形。

5.1.5 灌木的表现

灌木一般以近景表现较多，应强调其明暗关系。枝叶表现要精确，甚至有如图案式的一片片的表现叶片，如图 5-8 所示。图 5-9 是剑兰的表现，钢笔线勾勒了叶片前后伸展的关系。图 5-10 是对美人蕉的表现，先以马克笔大致分出叶片明暗，再以钢笔线理出前排美人蕉叶片的伸展姿态，花枝是以彩铅表现的。图 5-11 借鉴了国画的形式，用湿画表达梅花的近景，通过淡红色马克笔和咖啡色彩铅的勾勒，简洁、概括地为画面提供了一个框景。对图 5-12 藤本植物，要先上色后勾线，根据上色的形态勾形。勾线不要勾满，画法类似近景树的树冠。球形灌木应强调其体积感，快速的钢笔线交代其叶簇的关系，局

图 5-13

图 5-14

图 5-15

图 5-16

图 5-17

部加以淡黄色彩铅，变化色调体现光感（图5-13）。图 5-14 白色花卉的形靠周围的绿叶花卉留出，花蕊由橘色彩铅点出。图 5-15 是体现有顽强生命力的枯树新枝。

5.1.6 草地的表现

通常以深浅两种颜色的马克笔顺地势排笔触，一方面表现地形起伏关系，另一方面横向笔触可适当反映树木对地面的落影。图 5-16 是最常用的一种方式。图 5-17 是水草的表现，基本是一片片地画，叶片的安排要注意疏密的构图关系，适当表达落影及倒影。

5.1.7 棕榈科植物

棕榈科植物本身造型很容易在图中出彩，作画中要注意树干的细长比例和叶片前后舒展关系。近景的棕榈科植物最好参考配景图集，叶片针状细部用普通马克笔无法胜任，可由水彩笔或一种软头细尖的马克笔代替，用笔要快速奔放。图 5-18 是用黑色和棕

图 5-18

图 5-19

图 5-20

图 5-21

图 5-22

图 5-23

图 5-24

图 5-25

图 5-26

色彩铅画的细部和最后的润色。图 5-19 因其树已退远，故以钢笔线快速带过。

5.2 硬质地面

通常，采用水平运笔（如磨光地面则垂直运笔）表现室外硬质铺装地面，用色近深远浅，在远处加以垂直笔触以产生变化，体现倒影和材料的光感。

图 5-20、图 5-21 是花岗石和卵石或条石相嵌的铺装地面，它们都是采用以上技法的表现，适当加以彩铅以产生石材的肌理效果。

图 5-22 表现了弹石嵌草地面。石料间的嵌草部分运用与前方草色相近的彩铅勾画。

图 5-23 是两种颜色相嵌的面包砖的表现。不必细抠每块砖缝，近处用示意性的表现即可，不然会显得呆板。

图 5-24 是地面石阶的快速表现。石阶的水平面没有上色，保持留白，只在垂直面上上了暖灰的笔触，并局部勾以钢笔线，体现蜿蜒的石阶。

图 5-25 是片石或板岩碎拼地面。碎拼的色彩不能太统一，明度和冷暖上都要有所变化。图中看到的卵石镶边的表现也很简单，只是靠钢笔线画圈，但要注意圈的透视的大小关系和近处卵石的前后遮挡关系。

5.3 水面

水面也是很重要的景观元素。静水、浪水、流动水等形式各异。在大面积静水的鸟瞰图中，先以马克笔画倒影，再敷以大面积蓝色粉彩，亦遵循近深远浅的原则，最后用彩铅横向用笔示意性表示微浪（图 5-26、图 5-27）。

图 5-28 是蓝绿两种色调马克笔以酒精溶剂相混合而成，体现一种水气朦胧的感觉。

图 5-27

图 5-28

图 5-29

图 5-30

图 5-31

图 5-32

图 5-33

图 5-29、图 5-30 是在马克笔表现的水色上用黑色或白色彩铅表达水波。

图 5-31 以蓝和紫两种马克笔交错上色，刻画出一抹晚霞倒印湖中之景象。

图 5-32 是流动的溪水，靠笔触来表达，白色彩铅使水面产生一种流动的感觉。

5.4 石头

用马克笔表现石头很容易出效果，只要注意将它的受光面和背光面的距离适当拉大，近景的石块还要表现一定的表面质感，如石材纹理、裂缝、小的孔隙、顽石上的青苔等。构图布局上注重石与土的比重关系。土多石少较易体现自然感觉。

图 5-33 是黄石，注意石与草、灌木相互配置的关系要显得自然而不生硬。

图 5-34

图 5-35

图 5-36

图 5-37

图 5-38

图 5-39

图 5-40

图 5-41

图 5-42

图 5-34 是自然青石汀步，石材表面质感表达很充分。

图 5-35 是河滩石的溪水岸。要画出它圆滑的特点，注意石头在水中的落影是很深的。

图 5-36 是砂岩挡墙。平涂面做出局部深浅变化。勾线很重要，墙面砂块要有大有小，安排虚虚实实，要贴切。

5.5 其他配景

景观表现图的配景有人物、动物、室外灯具、室外小品、室外家具、交通工具等，把握好正确的尺度是其关键所在。

图 5-37~图 5-39 均是小车的表现。以快速笔触一带而过，体现车的动感，车身下体加深色调，并做出反光飞白，勾出白色防撞条。对处于一般视平线中的车而言，车顶是看不到的，不要过多反映。车的轮廓外形一般不在《配景图集》中找，《配景图集》中的车往往与图画的视平线不一致，硬搬的话，车有"翻"的可能。

图 5-40 是蒸汽火车的表现，汽的表现很有意思，是湿画，当

图 5-43

图 5-44

图 5-45

图 5-46

图 5-47

图 5-48

然配景中火车是很难碰到的。

人物配景对我们学设计的来说是最难的，不像美院学生信手拈来。我的做法是从《配景图集》中摘录，用钢笔勾形，线条要轻松流畅，稍加暗部，再以马克笔平涂，如图 5-41 所示。局部留白也是一种淡化人物的方式，如图 5-42 所示。

动物在表现图中渲染意境也起到一定作用， 如图 5-43 所示。

室外家具、小品静物配景，暗示了画面场景表达环境氛围，提高了画面的情趣。作画中首先要注意其与周围物体的比例关系，其次要有耐心地慢慢抠，当然不能太过，否则抢了主题。如图 5-44~5-46 所示。

在水景表现中，船只形体和尺度的准确表达是其关键，如图 5-47、5-48 所示。

总之，马克笔景观技法的提高还须画者多画多练，不要怕失败，这样才能熟能生巧，融会贯通。

花好月圆-1

花好月圆局部放大

花好月圆-2

花好月圆-3

[技巧要旨]

这是一幅住居私庭的表现。背景树丛是湿画的，表现得很虚，前景对比强烈，调子加重，使画面空间感很强，右下角白色花卉通过留白来“勾”形，花蕊以彩铅适当表达。

缤纷家园-1

缤纷家园-2

华欧国际中国苑

中海·翡翠湖岸别墅-1

中海·翡翠湖岸别墅-2

中海·翡翠湖岸别墅-3

万达·江南明珠

盘锦花园景观规划

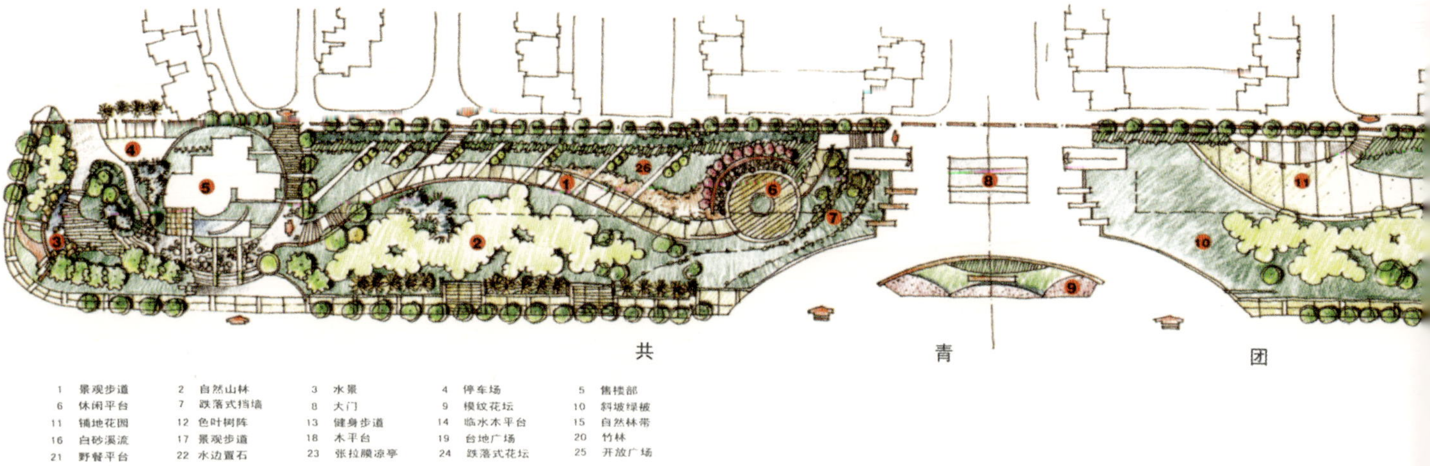

阅城国际花园 50 米绿化带平面

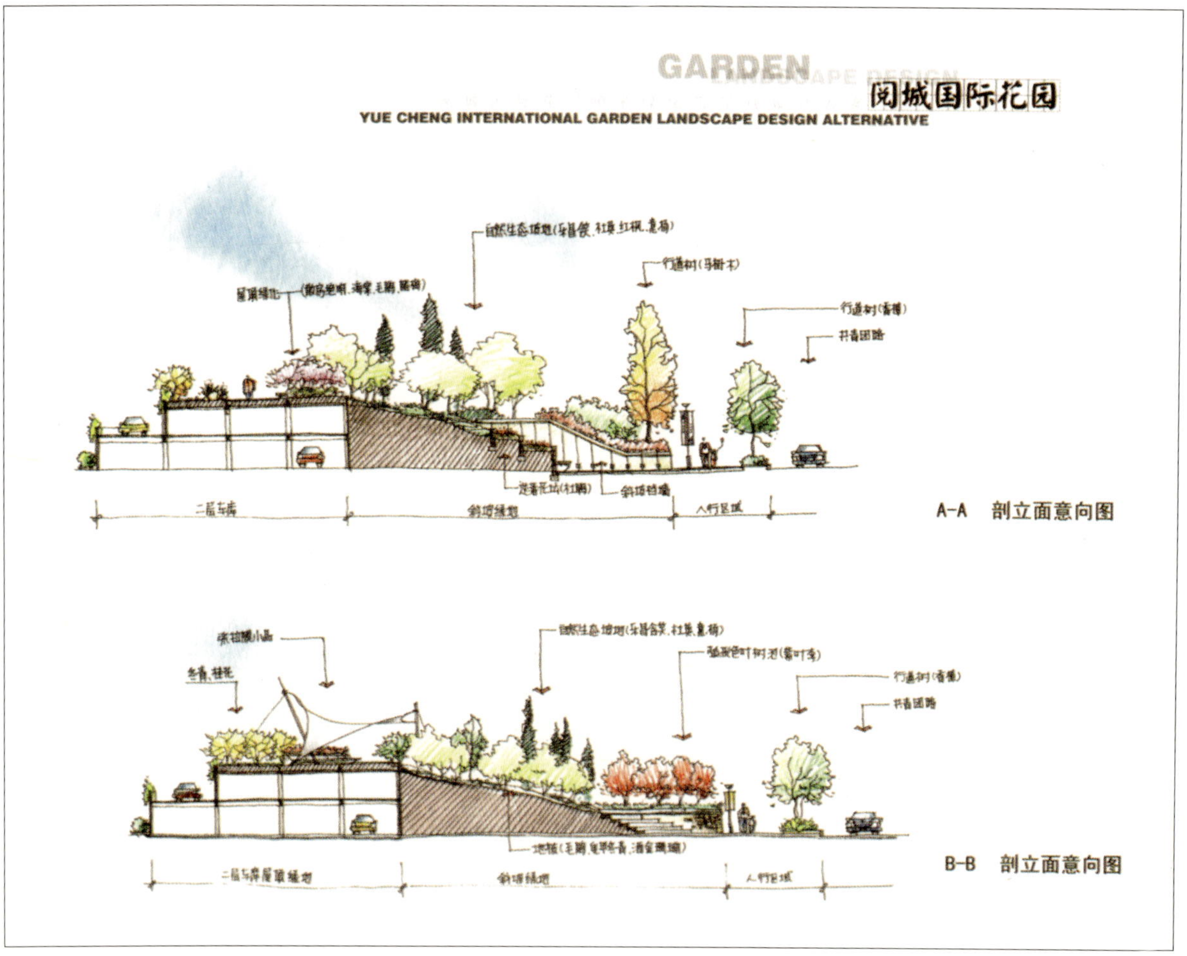

阅城国际花园 50 米绿化带剖面

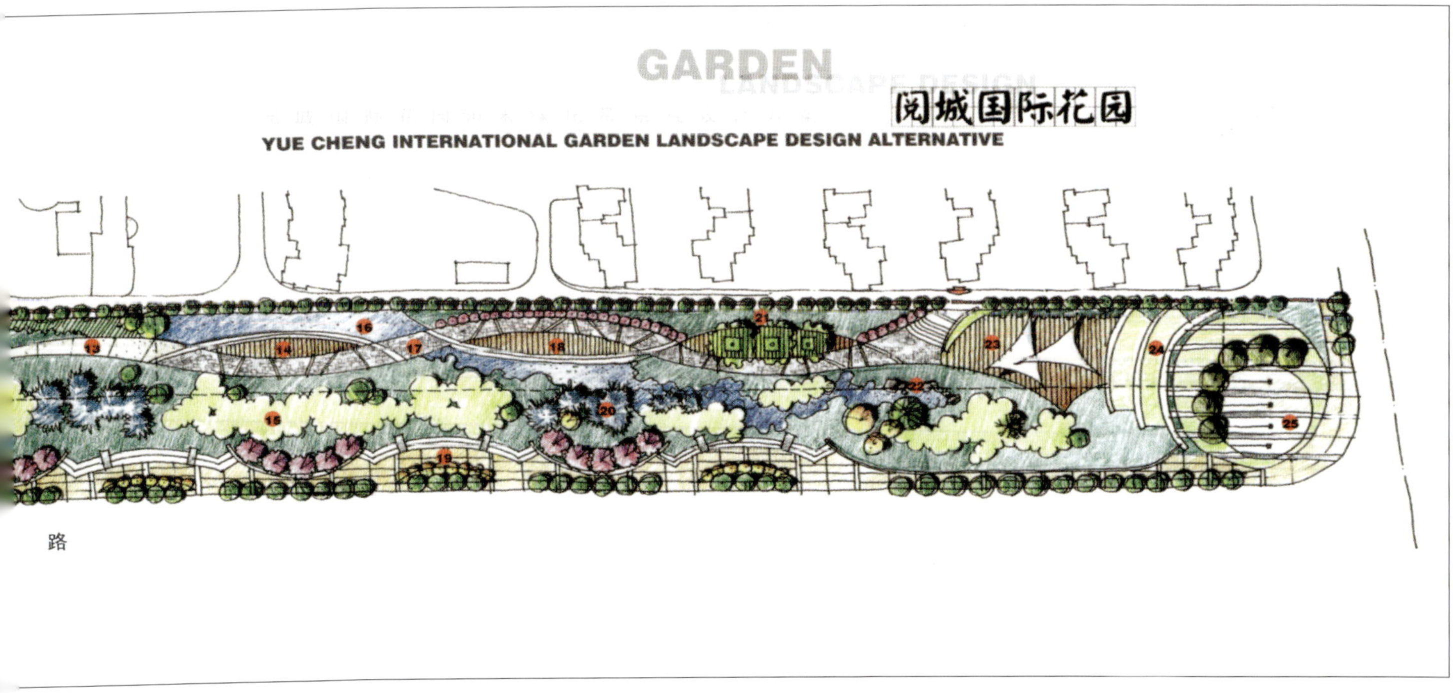

苏州临湖居知湖轩小区绿化

合肥某楼盘-1

合肥某楼盘-2

合肥某楼盘-3

1 雾珠广场　2 雨影碧潭　3 溢水年华
4 踏桥归家　5 雅院亲合　6 花溪留香　7 缘水踏木
8 左邻风情街　9 溢情宾客　10 童趣　11 亲水平台
12 左邻广场　13 竹林摇曳　14 网球场　15 绿波溢香

新苑房产左邻风度景观规划

万科红郡鸟瞰图

万科红郡商业街立面

岭南老街改造方案

[技巧要旨]

近乎散点透视的手法，体现白墙、灰瓦、小桥、流水、桃红、柳绿柔美的江南水乡情怀。大面积水面是先以马克笔绘制倒影，再以粉彩上水面大调子，最后用橡皮擦出倒影及水波。

南京门东地区改造-1

南京门东地区改造-2

[技巧要旨]

在斜侧光下的马头墙与石拱桥、水草等表现得很充分，而水面只表现倒影，大面积边缘以虚化处理，使画面虚实相间，受光面的白墙也以留白处理，体现典型江南水乡特质。

南京门东地区改造-3

[技巧要旨]

一种构图的尝试，只是门框及台阶刻画太过细致以致造成对趣味中心的冲突。

南京门东地区改造-4

[技巧要旨]

该表现图清晰地表达了廊桥所处的特殊环境：阅江楼、狮子山、城墙、护城河、城河路等，各环境因素丰富了画面的层次。

狮子山改造-廊桥方案

狮子山拱桥

狮子山沿河景观

总统府东花园-1

总统府东花园-2

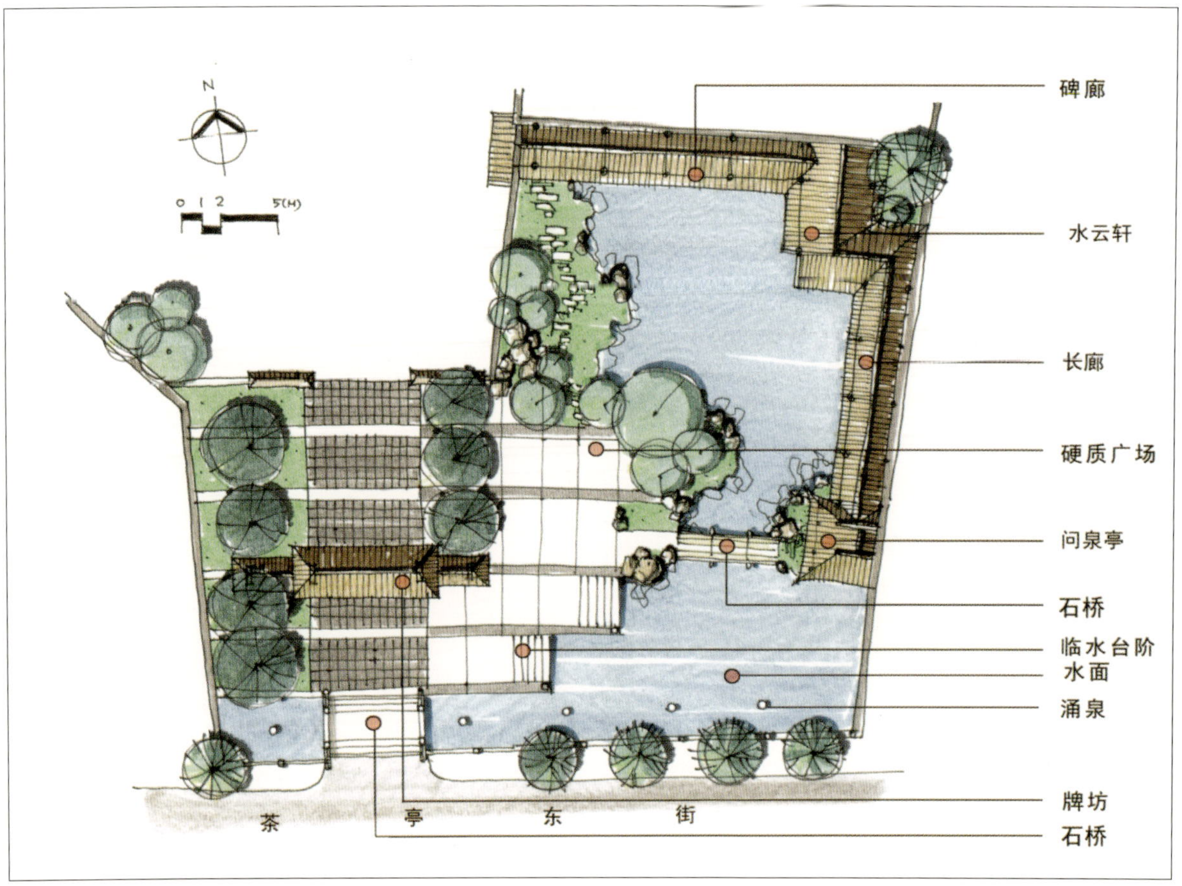

云锦研究所入口区改造平面方案

云锦研究所入口区改造鸟瞰

[技巧要旨]

该幅鸟瞰以拷贝纸上底稿，再通过复印机放大，直接用水性彩色铅笔上色，随意而快捷。

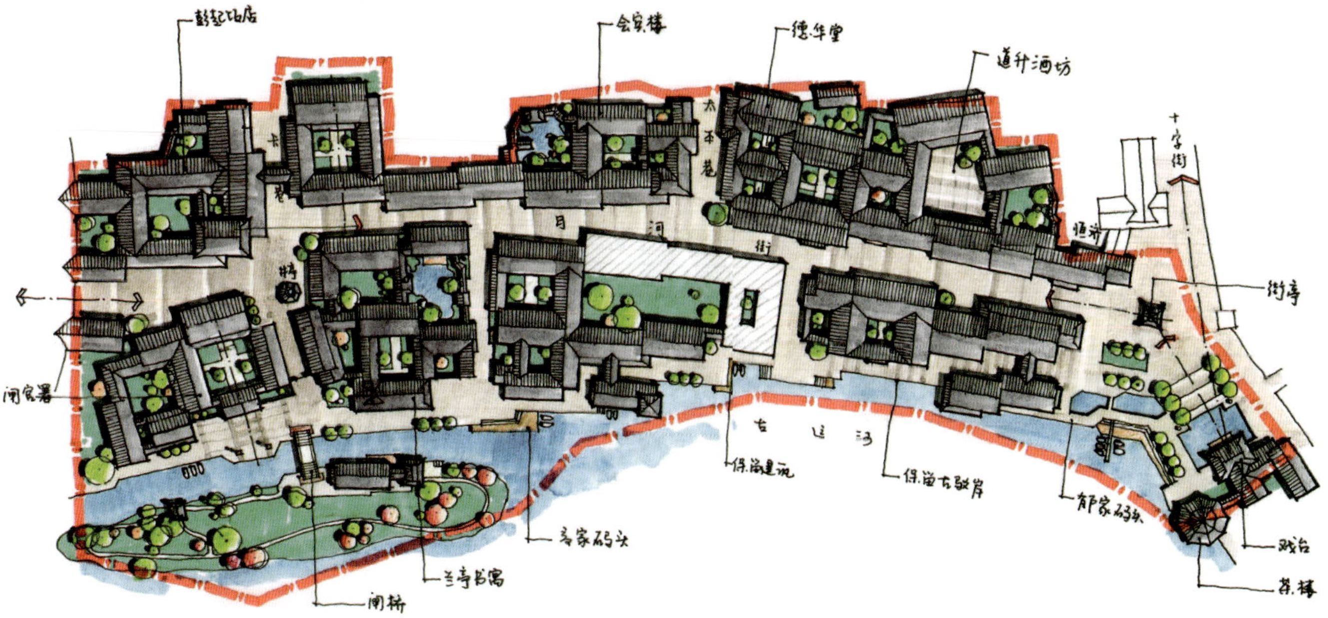

台儿庄古城修复项目——月河街规划平面

台儿庄古城修复项目——月河街单体建筑草图-1

台儿庄古城修复项目——月河街单体建筑草图-2

台儿庄古城修复项目——月河街单体建筑草图-3

泰州环城河风景区——老街单体建筑

南京白鹭洲公园水街鸟瞰

盐城韩国城临水建筑

南京东水关公园鸟瞰

钱江新城景观-1

钱江新城景观-2

钱江新城景观-3

钱江新城景观-4

钱江新城景观-5

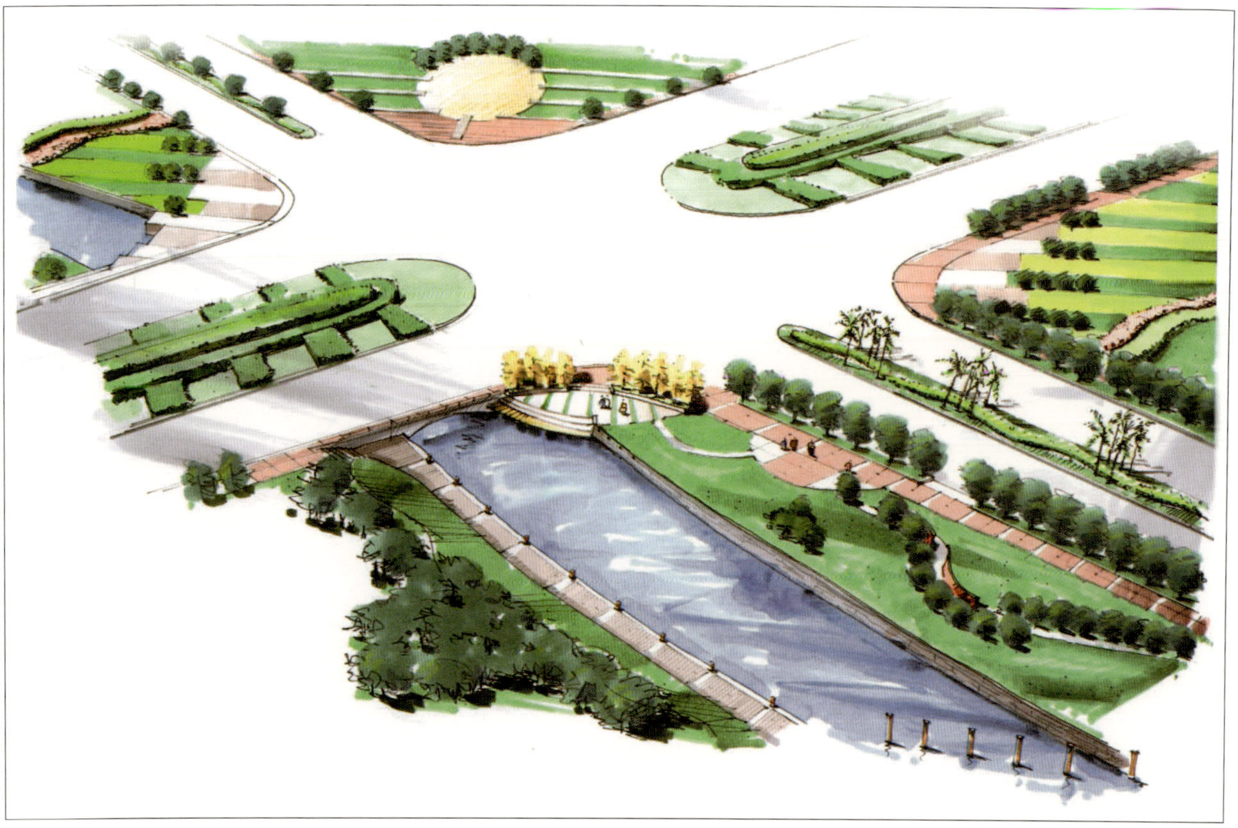

钱江新城景观-6

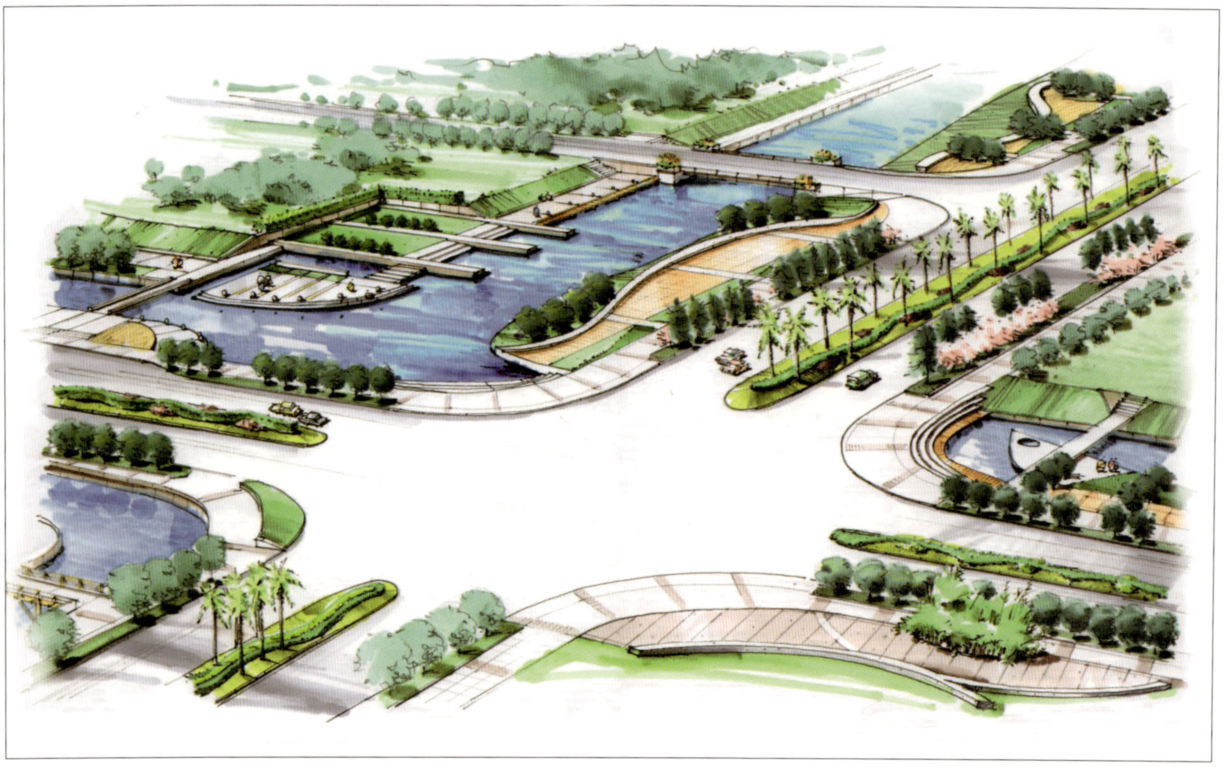

钱江新城景观-7

钱江新城景观-8

南京东水关公园城墙

浙江某公园鸟瞰

昆山市亭林公园

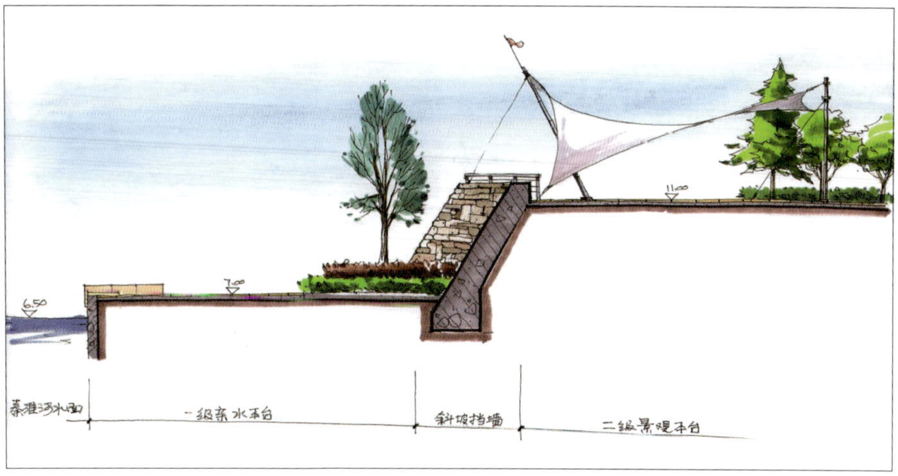

秦淮河环境改造——断面设计-1

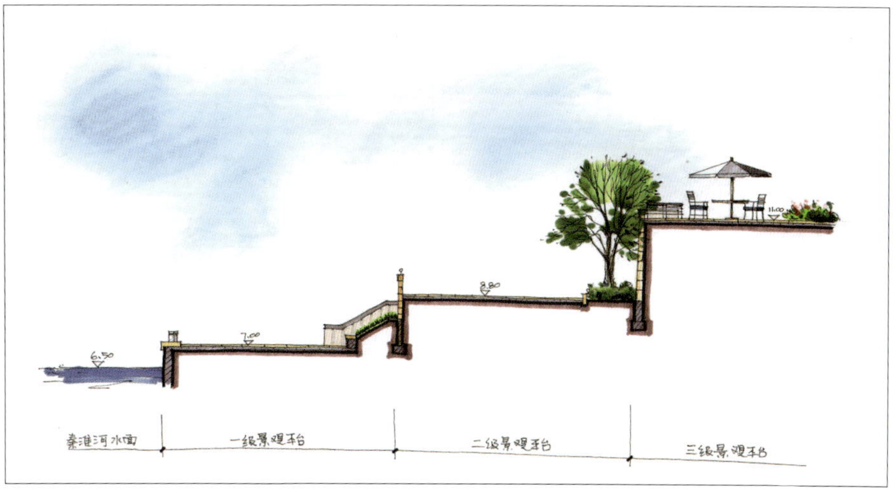

秦淮河环境改造——断面设计-2

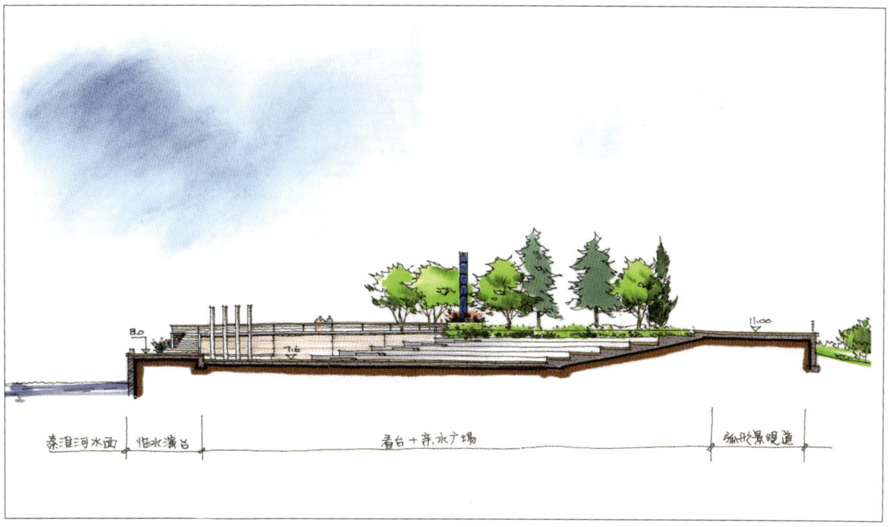

秦淮河环境改造——断面设计-3

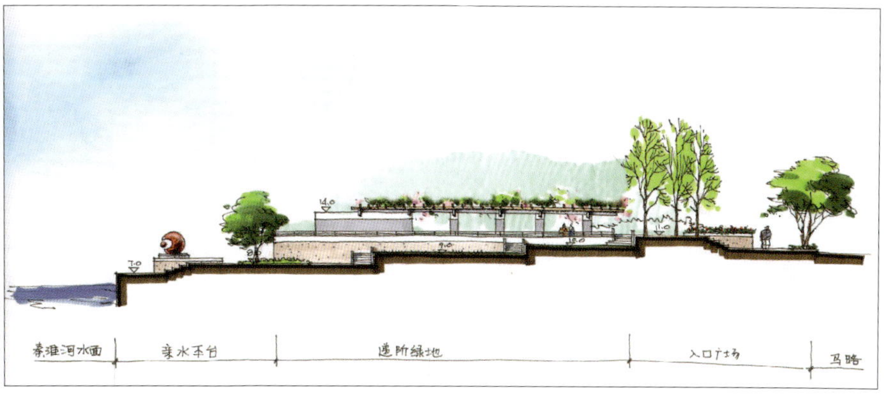

秦淮河环境改造——断面设计-4

安亭新镇环境

街景小品

某滨水新区规划方案

无锡太湖国家旅游度假区小南山水乡休闲中心鸟瞰

苏州官渎立交桥景观工程-1

苏州官渎立交桥景观工程-2

苏州官渎立交桥景观工程-3

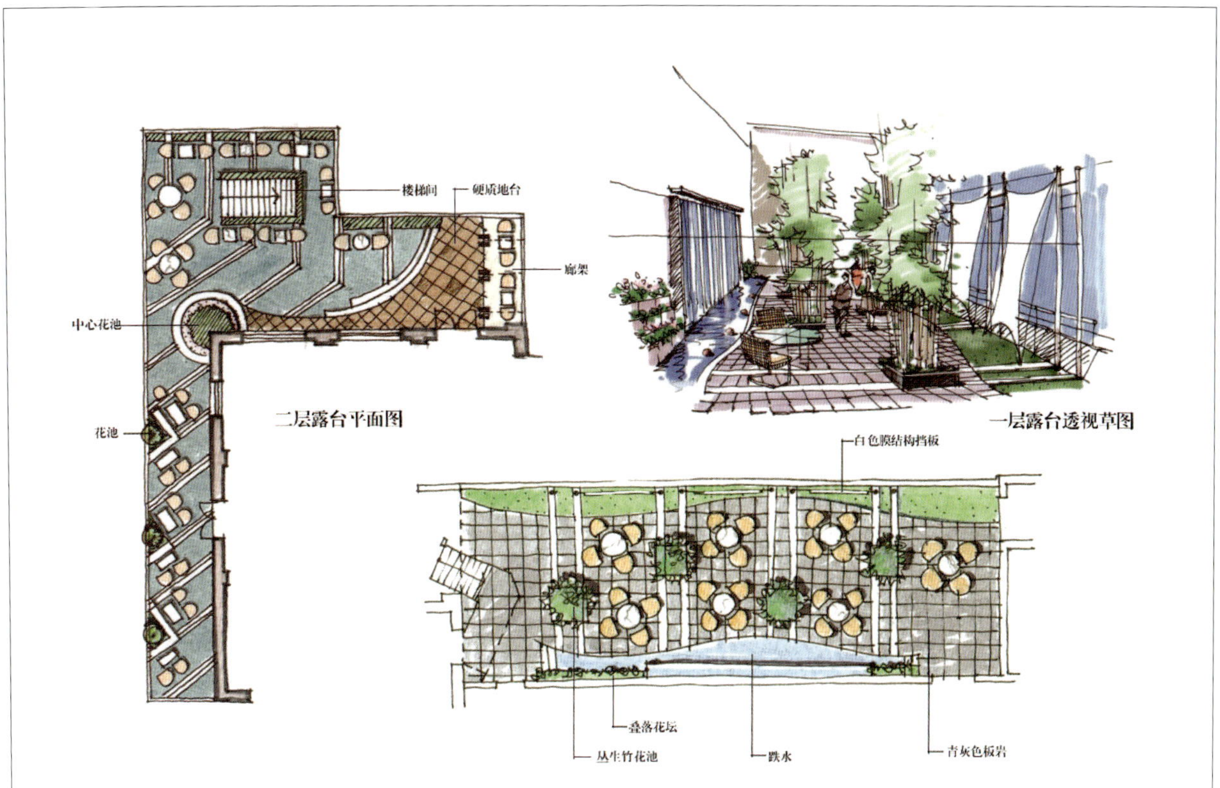

屋顶花园设计草图

某入口景观

青岛百果山生态园-1

青岛百果山生态园-2

顺德新城德胜河景观规划断面设计-1

顺德新城德胜河景观规划断面设计-2

顺德新城德胜河景观规划断面设计-3

顺德新城德胜河景观规划断面设计-4

[技巧要旨]

剖视图对设计概念的表达有很大作用。首先要选好剖切线，要充分展现设计中的竖向关系，并且这道剖切线能展现尽可能多的投影面，即使你有内容可画。植物配置要高低错落，并注意比例关系，人物及小品的尺度的把握也很重要。在大场面的剖视图中，为表达大的关系，往往水平向的比例与竖向的比例会不一致，是示意性的。该组断面设计即是一例。

南京安德门广场

南京幕燕风景区永济江流景区规划

南京秦淮河后五华里单体建筑方案

南京幕燕风景区永济江流立面

长治开元广场平面

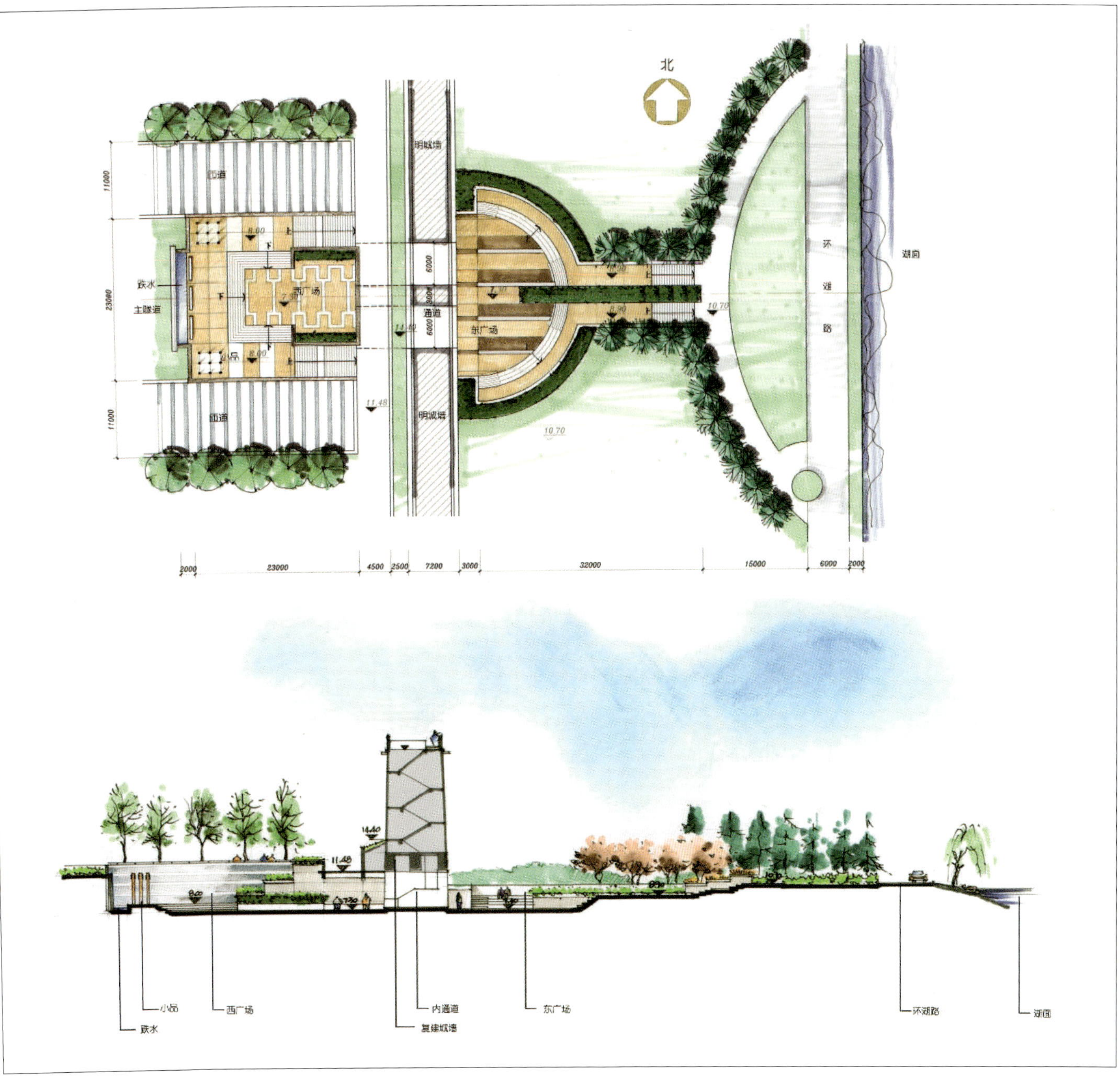

玄武湖隧道下沉广场实施方案

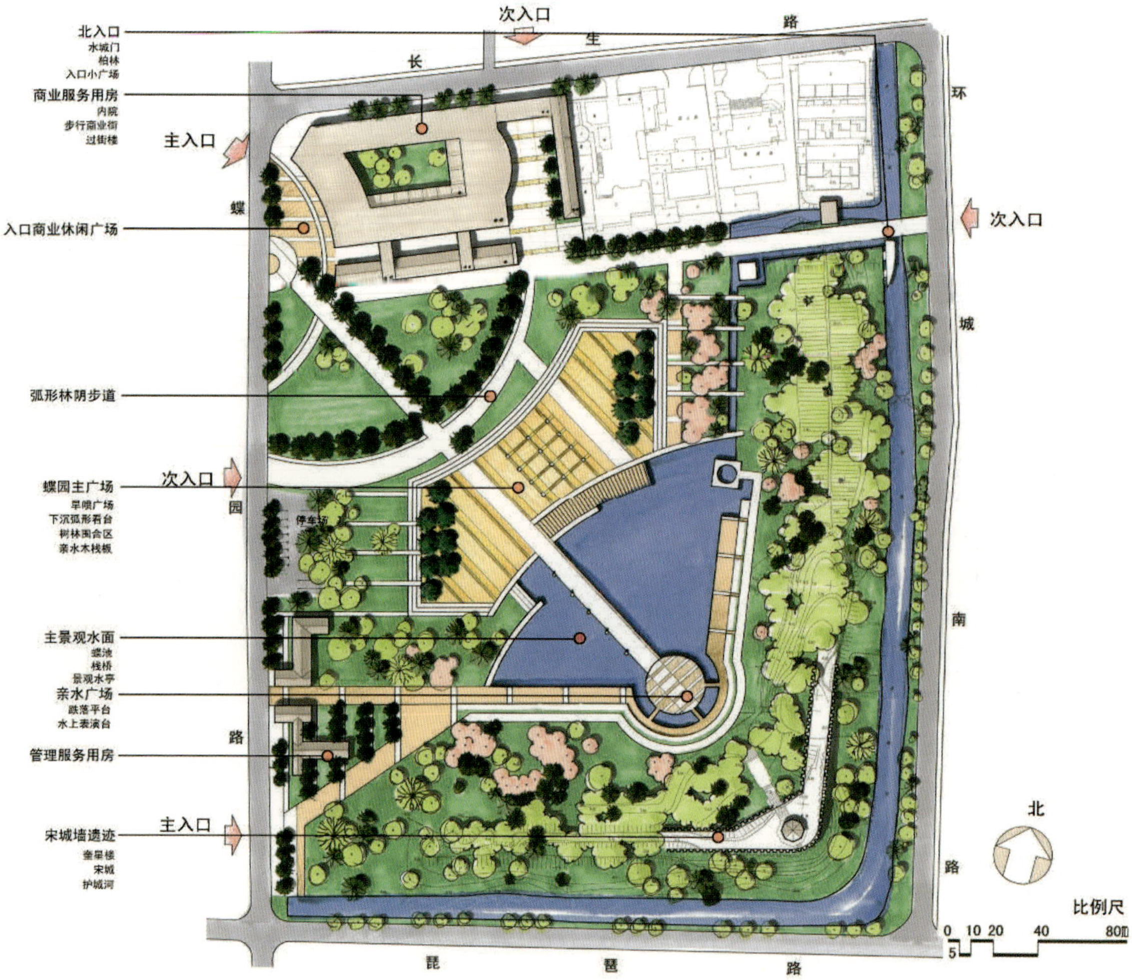

高邮蝶园市民广场实施方案

[技巧要旨]

该立面图是在电脑打印的立面线图上上色渲染的，前方配景则是从其他图中剪贴进来，并加“水彩滤镜”画面扫描后经电脑进行色调调整。

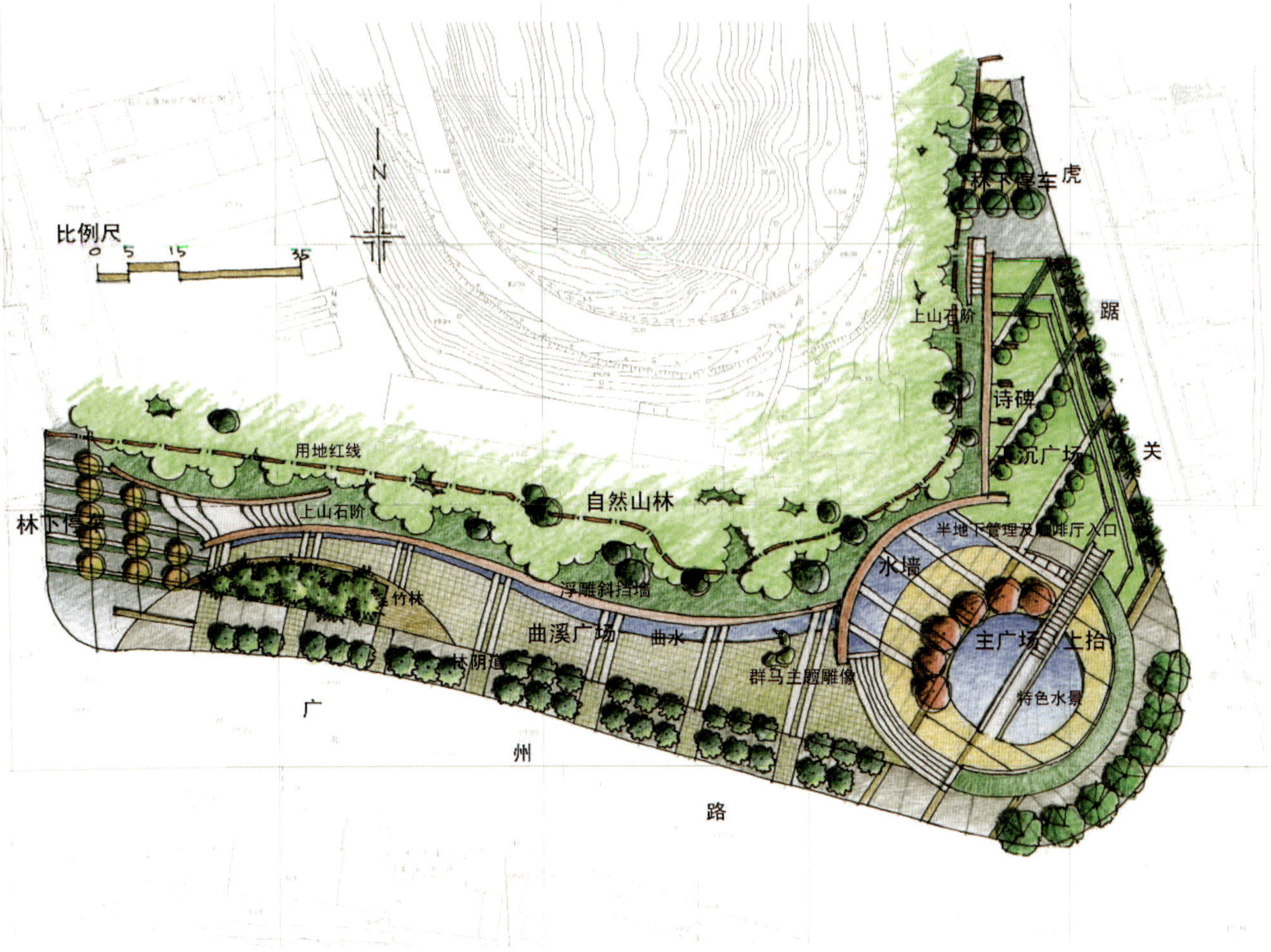
比例尺
0
5
15
35
N
用地红线
自然山林
上山石阶
林下停车
浮雕斜挡墙
竹林
曲溪广场
曲水
林阴道
群马主题雕像
水墙
半地下管理及咖啡厅入口
主广场（上抬）
特色水景
下沉广场
诗碑
上山石阶
林下停车
虎
踞
关
广
州
路

林下停车
竹林
自然山林
浮雕斜挡墙
诗碑
半地下管理及咖啡厅
下沉广场
上台主广场
虎踞关

南京清凉山驻马坡广场

宁波太阳广场效果

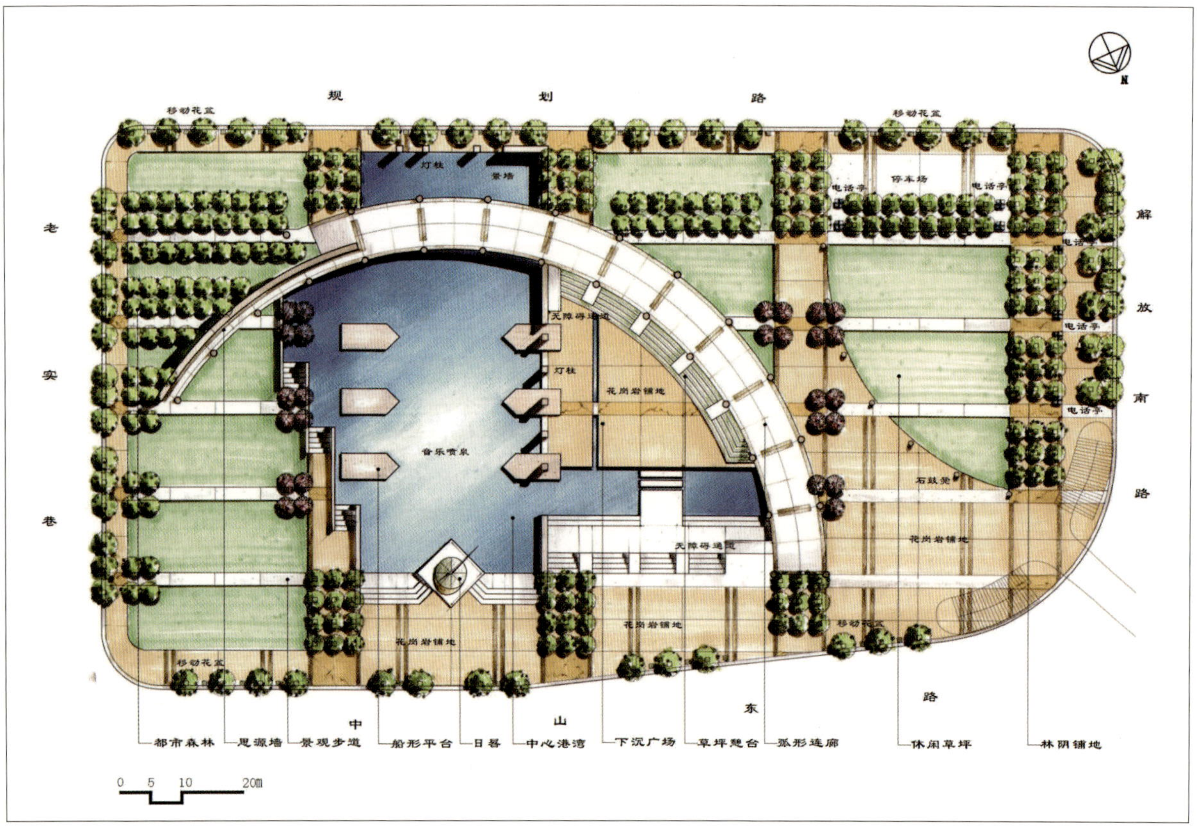

宁波太阳广场平面

南京火车站站前广场草图之一

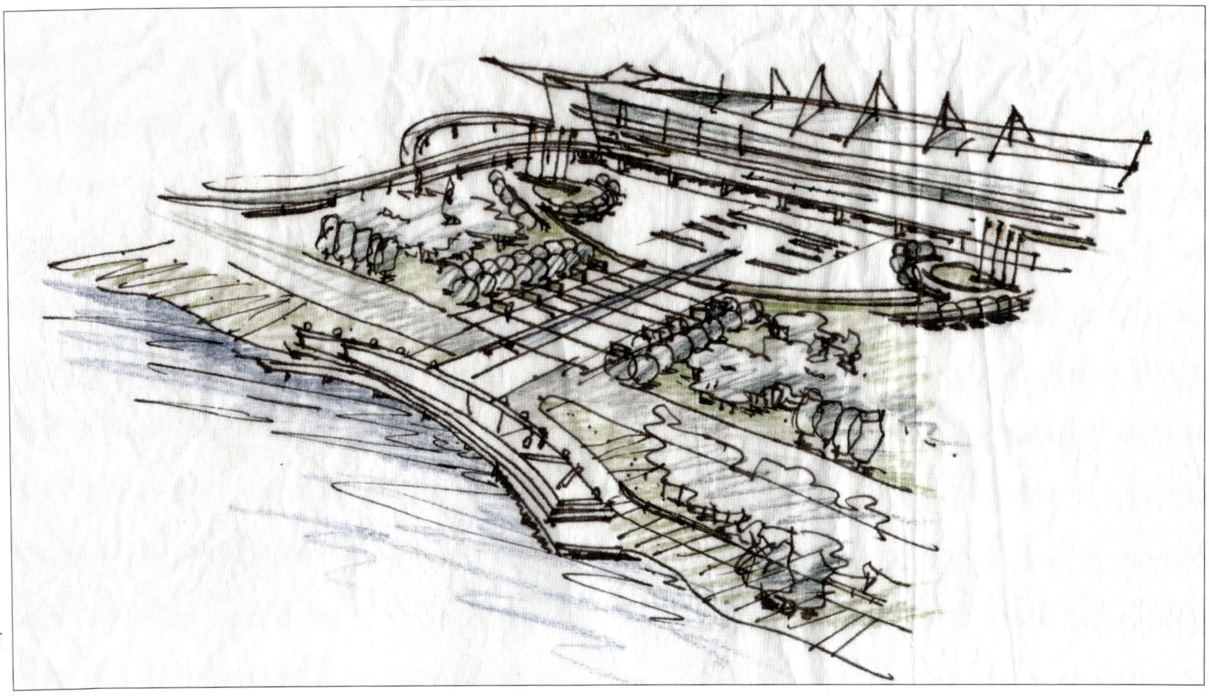

南京火车站站前广场草图之二

木栈桥
水面
九柱亭
浮雕
庭
庭
高台主广
曲水
水上平
泮桥

淹城遗址公园入口广场平面方案

沪蓉高速——铁路桥

沪蓉高速——公路桥

沪蓉高速-1

沪蓉高速-2

沪蓉高速——隧道入口-1

沪蓉高速——隧道入口-2

沪蓉高速——人行桥

钱江新城道路景观

禄口机场环境

公路桥

高速互通鸟瞰

无锡惠山森林公园茶室

北极阁省气象局大门方案

北极阁省气象局放映厅方案

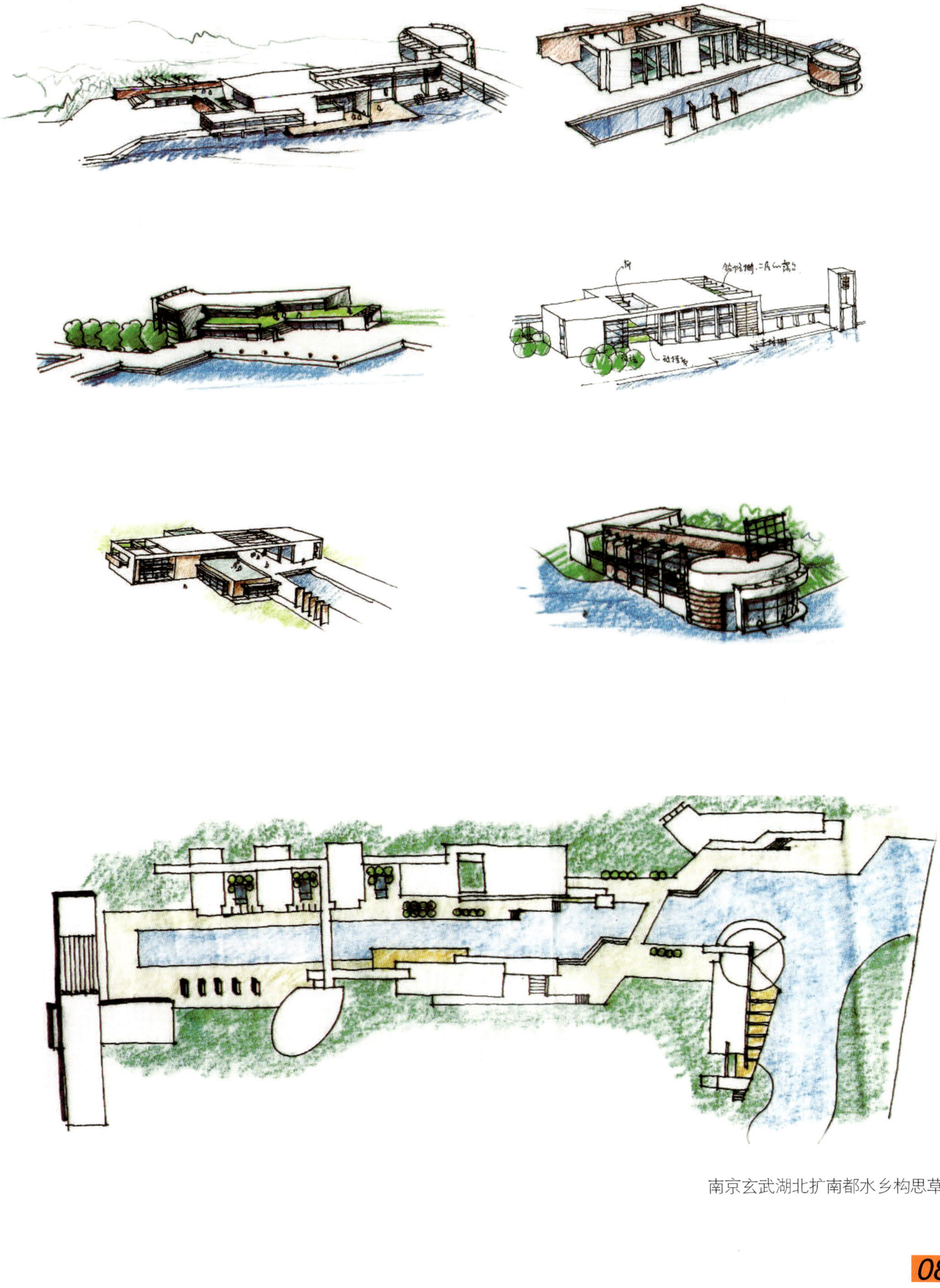

南京玄武湖北扩南都水乡构思草图

大门设计

南京高新区软件园

[技巧要旨]

这是一幅概念性方案图。建筑处在陡峭的山坡上，由于时间紧迫，以拷贝纸上色，黑线是以炭笔勾勒，并且加以局部排线，以加深画面的调子，弥补拷贝纸不吃色的缺憾，炭笔线条有轻重、粗细的变化，与钢笔线相比更能与马克笔相融合。

南京工业大学新校区景观塔方案

雕塑小品

南京高新开发区景点设计-1

南京高新开发区景点设计-2

南京高新开发区景点设计-3

玄武湖观景塔

玄武门地区建筑景观设计

盐城韩国城单体建筑

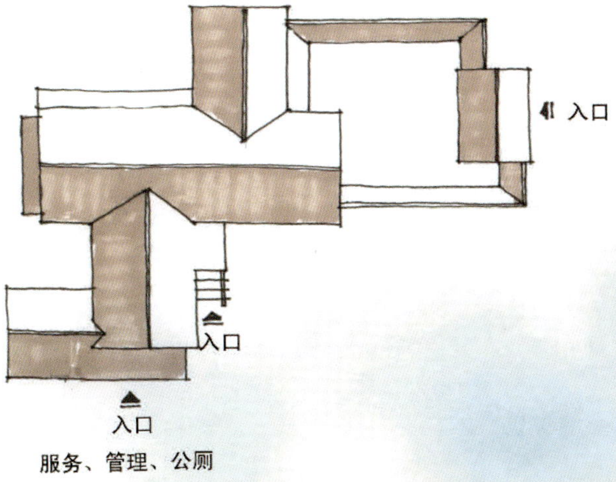

鬼脸城公园管理房方案-1

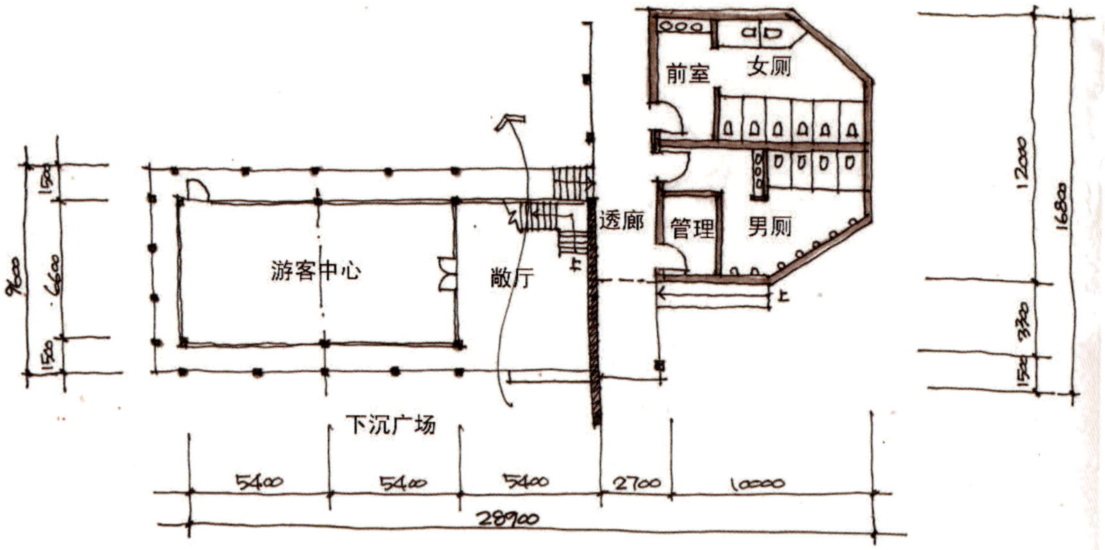

底层面积 300 ㎡
二层面积 155 ㎡
总建筑面积 455 ㎡

平面图

鬼脸城公园管理房方案-2

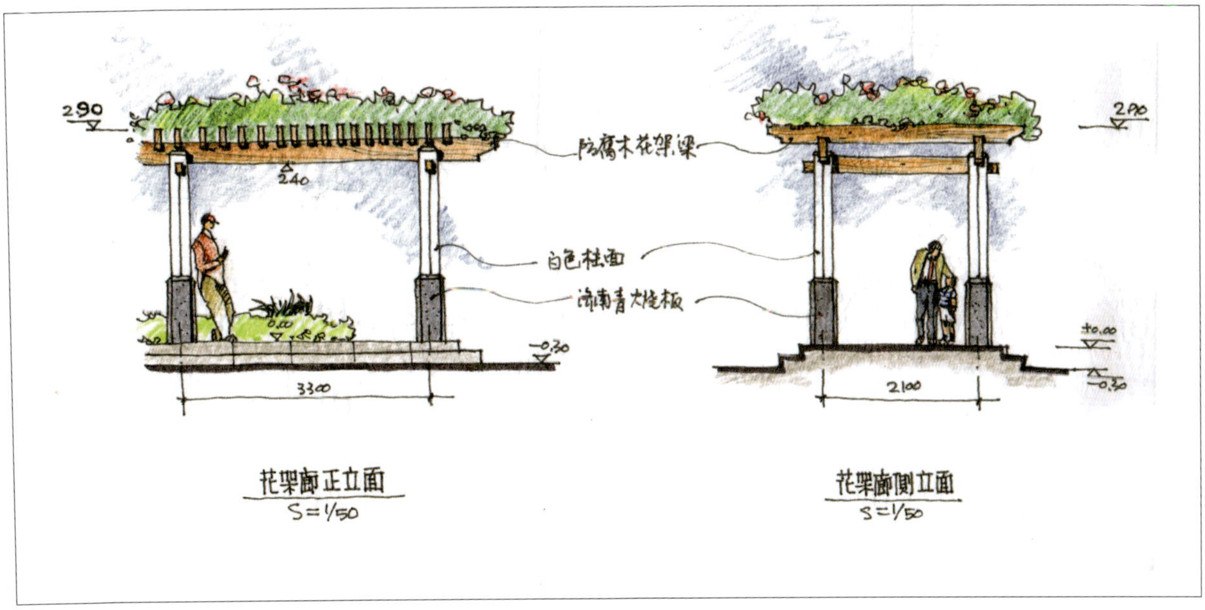

鬼脸城公园
廊架实施方案

鬼脸城公园
廊架方案

拱桥

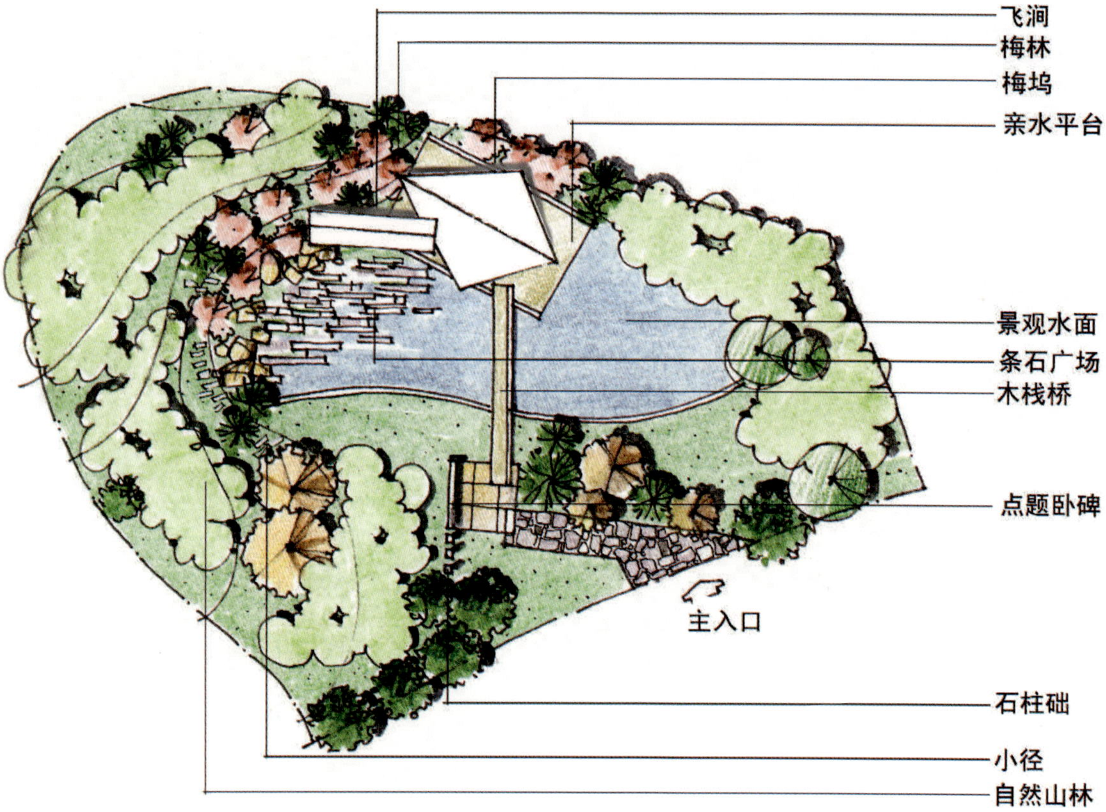

深圳花博会南京景点概念设计

花博会景点-1

花博会景点-2

某景观桥

[技巧要旨]

这处树木的水迹效果是马克笔上拷贝纸所致，通过深色远树反衬白色建筑主体，使画面变得更加明亮而有光感。

公园大门设计

公园小品

水上餐厅

金基唐城环境小品-1

金基唐城环境小品-2

金基唐城环境小品-3

南京幕燕风景区五马渡广场

溧水星银药业综合楼

秦淮河环境改造
——管理房方案

沿街立面改造-1

沿街立面改造-2

亭

徐州某公园大门-1

徐州某公园大门-2

泉州博物馆

镇江金山风景区单体建筑

家居景观-1

家居景观-2

家居景观-3

家居景观-4

家居景观-5

万科金色家园样板房

住居架空层

住居阳台景观

玄武湖隧道下沉广场城洞景观

服装店

二版后记

《马克笔的景观世界》一书付梓五年来，受到相关专业读者的厚爱，一再加印，让我始料未及。它从一个侧面反映了景观手绘在业界已得到重新认识，体现了它存在的价值。

出版方有意借本书二版之机，加入我近年来的一些新作，特别增加了方案、草图类作品分量，并纠正一版中的一些偏差，使本书有更新、更丰富、更翔实的内容。希望读者能够通过本书得到有益的借鉴。

再次感谢南京市园林规划设计院有限责任公司董事长李浩年先生于百忙之中为本书作序。

陈　伟

2010年 5 月于古林